Willard Muntanga

Os efeitos da insegurança alimentar no distrito de Binga

Willard Muntanga

Os efeitos da insegurança alimentar no distrito de Binga

Estudo

ScienciaScripts

Imprint

Any brand names and product names mentioned in this book are subject to trademark, brand or patent protection and are trademarks or registered trademarks of their respective holders. The use of brand names, product names, common names, trade names, product descriptions etc. even without a particular marking in this work is in no way to be construed to mean that such names may be regarded as unrestricted in respect of trademark and brand protection legislation and could thus be used by anyone.

Cover image: www.ingimage.com

This book is a translation from the original published under ISBN 978-620-7-64812-2.

Publisher:
Sciencia Scripts
is a trademark of
Dodo Books Indian Ocean Ltd. and OmniScriptum S.R.L publishing group

120 High Road, East Finchley, London, N2 9ED, United Kingdom
Str. Armeneasca 28/1, office 1, Chisinau MD-2012, Republic of Moldova, Europe
Printed at: see last page
ISBN: 978-620-7-72692-9

Foto de Willard Muntanga (Nascido a 17th de julho de 1989)

Os efeitos da insegurança alimentar no distrito de Binga
Estudo

DEDICAÇÃO

A minha mulher Getrude Munsaka e os meus filhos (Relieve Ayende Aiye Muntanga, Ayn Uyaame Muntanga) e os meus pais Siakatenge Muntanga e Salia Muntanga partilho e dedico-vos esta obra, o longo sonho que dificilmente poderia ser imaginado.

Sobre o autor

Willard Muntanga desenvolveu um interesse e desejo carnívoro de escrever sobre os desafios históricos enfrentados pelo povo BaTonga nas comunidades do Vale do Zambeze no distrito rural de Binga. Nasceu em 1989, a 17 de julho, e cresceu em Binga enfrentando as provações dos efeitos das alterações climáticas. Depois de frequentar o ensino secundário na escola secundária de Tyunga em 2007, foi para a escola secundária de Siabuwa e completou o nível avançado em 2010 e trabalhou como professor na escola primária de Sizemba de 2011 a 2015, voltando à sua comunidade de origem *(MuTonga talubi nkwaazwa)*. Enquanto leccionava na escola primária de Sizemba, prosseguiu os seus estudos superiores na Universidade de Solusi, estudando História, paz e estudos de conflitos. Renunciou ao cargo de professor em dezembro de 2015 e juntou-se ao Basilwizi Trust em 2016, a organização que visa promover o desenvolvimento nas comunidades do vale do Zambeze. A Organização inspirou-o e motivou-o a ter um interesse zenital em escrever sobre o povo BaTonga e publicou mais de 13 artigos de investigação em diferentes revistas. Em 2022, um ano de desenvolvimento pessoal académico de Willard, ele completou o seu mestrado em risco de desastres e estudos de meios de subsistência com a Universidade das Mulheres em África, bacharelato especial com honras em monitorização e avaliação com a Universidade estatal de Lupane, Diploma em Agricultura, segurança alimentar e meios de subsistência com o Centro de estudos de desenvolvimento e certificado executivo em assistência humanitária e gestão de programas com a Universidade do Zimbabué. É membro do Conselho Editorial e criativo do Boletim Owia para a Rede de Trabalho Social e Desenvolvimento (ASWDNet) Ubuntu Journal. Em 2013, casou-se com a sua mulher Getrude Munsaka e tornou-se pai de dois filhos (Relieve Ayende Aiye Muntanga e Ayn Uyaame Muntanga). Atualmente, trabalha como Assistente de Programa no Basilwizi Trust, distrito rural de Binga, Zimbabué.

RESUMO

Esta pesquisa foi construída com base no impulso de aprofundar os efeitos da insegurança alimentar, citando o caso de Binga nas comunidades do vale do Zambeze. Os objectivos que nortearam esta pesquisa foram: Identificar as causas da insegurança alimentar em Binga, verificar os efeitos da insegurança alimentar em Binga e encontrar soluções para a insegurança alimentar dos pequenos agricultores no distrito rural de Binga. A visão global, africana e nacional foi sintetizada para indicar que a insegurança alimentar é uma questão crítica na diversidade das vidas humanas. Numa perspetiva de desenvolvimento humano, as causas, os efeitos e as soluções foram examinados na literatura com base nos objectivos da investigação, de modo a criar uma relação entre a teoria da literatura e os resultados empíricos. Para esta investigação, foi aplicada uma metodologia de investigação mista. Neste estudo, foram adoptadas concepções de investigação qualitativas e quantitativas. Para aumentar a validade e a fiabilidade, foram utilizadas várias técnicas de amostragem. Os instrumentos de investigação utilizados foram questionários, entrevistas com perguntas abertas e fechadas, e também observação. As evidências empíricas desta investigação revelaram que as questões socioculturais e religiosas, o quadro legal, as alterações climáticas, os animais selvagens e os conflitos, a falta de acesso à terra, os métodos agrícolas deficientes e a falta de conhecimentos, entre outros, contribuíram significativamente para a insegurança alimentar em Binga. Descobriu-se, no entanto, que as alterações climáticas afectaram as comunidades rurais pobres de Tonga no distrito rural de Binga, no Zimbabué. A investigação concluiu que o governo, as organizações doadoras e outros actores desempenham um papel significativo na transformação da segurança alimentar. Portanto, as recomendações foram passadas na pesquisa de que o governo precisa de criar um ambiente propício para o povo de Tonga beneficiar e desfrutar dos frutos do rio Zambeze através da agricultura climaticamente inteligente, a fim de obter alimentos climaticamente inteligentes. As ONGs precisam de intensificar a avaliação das necessidades; as organizações doadoras precisam de considerar que as suas condições devem ser a favor dos pobres de Tonga e que as comunidades devem trabalhar lado a lado com todos os parceiros de desenvolvimento. Por conseguinte, as intervenções devem ser alargadas e inclusivas para as partes interessadas.

RECONHECIMENTO

Ao longo do meu percurso intelectual, gostaria de agradecer sinceramente a Deus o dom da vida e o facto de me ter conduzido a uma situação rigorosa, apesar do inferno da seca. A sua orientação intelectual imparcial e a sua providência para comigo moldaram a possibilidade deste trabalho de investigação. Os meus pais, Siakatenge Muntanga e Salia Muntanga, a minha mulher Getrude Munsaka e os meus filhos Relieve Ayende Aiye Muntanga e Ayn Uyaame Muntanga; sentiram a minha falta, felicito o vosso apoio. Samulo Mutale, Quegas Mutale e Governador Munsaka, a vossa ajuda na minha investigação foi supérflua. Os meus colegas de trabalho na Basilwizi Trust Organisation (Christopher Mwembe, Danisa Mudimba, Gayson Siampongo e Pottar Muzamba), a vossa contribuição foi bem-vinda. A minha gratidão estende-se também a Taruvinga Muzingili, que partilhou comigo o seu pensamento e foi uma fonte colossal de força e conforto moral durante o tempo em que escrevi o trabalho de investigação, Brown Mukuli e Jolif Mukuli; o vosso esforço durante o meu trabalho de investigação foi bem-vindo, pois ajudaram-me a recolher os dados no terreno. Jack Sambili e Ketty Muntanga, continuam a ser importantes nesta investigação, pois participaram na investigação como inquiridos e permitiram-me tirar fotografias nos seus campos nas zonas ribeirinhas. O meu testemunho ficará incompleto se não mencionar o papel primordial desempenhado pela liderança local nas comunidades rurais; os seus esforços ao longo do curso continuam a ser louváveis. Basilwizi trust, Binga, agradeço-vos por terem definido a minha patologia académica através da aprendizagem relacionada com o trabalho e da experiência profissional. A todos os participantes na investigação e às partes interessadas, agradeço os vossos grandes esforços.

Índice

Capítulo 1 - Introdução geral

1.0 Introdução

A insegurança alimentar é uma questão que é discutida pelo governo e pelas partes interessadas não governamentais sobre a melhor forma de minimizar o seu extremo. O distrito rural de Binga, no Zimbabué, tem sido duramente atingido pela seca, pela pobreza e pela fome devido à insegurança alimentar. A crise alimentar no distrito está a atingir com uma velocidade alarmante e forçou as famílias e os indivíduos a recorrerem à pesca e à agricultura de recessão das cheias, que têm benefícios mínimos e escassos para as comunidades do vale do Zambeze. A crise alimentar global põe em risco a vida de milhões de pessoas nas comunidades vulneráveis, particularmente em África, onde a pobreza, a desnutrição e a escassez da fome são frequentes (IFPRI, 2001). A insegurança alimentar em Binga é atribuída à falta de educação dos agricultores rurais, à ignorância, às catástrofes naturais, à fraca base de recursos humanos, à ausência de boa governação e a ambientes políticos instáveis que impedem um crescimento económico sustentável, à guerra e aos conflitos civis, só para mencionar alguns. Todos estes factores contribuem para uma disponibilidade insuficiente de alimentos a nível nacional ou para um acesso insuficiente aos alimentos por parte das famílias e dos indivíduos (Mwaniki, 2005). O foco principal deste trabalho de investigação é examinar os efeitos da insegurança alimentar, as suas causas e as medidas sugeridas para minimizar os efeitos resultantes do fenómeno que está a ser analisado.

1(i) Palavras chave

Insegurança alimentar, seca, alterações climáticas, Binga e vale do Zambeze

1.1Antecedentes

Binga é um distrito que tem uma população total de 138 074 pessoas; com

63 512 homens e 74 562 mulheres (estatísticas do Zimbabué para o Censo de 2012). A maior parte das pessoas que vivem no distrito são o povo Tonga que foi deslocado do vale do Zambeze por volta dos anos 50 pelo governo da federação para abrir caminho para a construção da barragem de Kariba. Estas pessoas ficaram emocionalmente desiludidas por terem sido desligadas do cordão umbilical dos seus antepassados e antepassadas que podiam fornecer chuvas em tempos difíceis. O governo colonial que estava de partida prometeu-lhes que forneceria tudo o que estava disponível no vale do Zambeze, mas nunca cumpriu as suas promessas. O povo Tonga foi expulso da planície de inundação do Zambeze, onde podia cultivar duas vezes por ano, e forçado a instalar-se a 70 a 80 km do Zambeze, onde as chuvas são escassas e os solos são arenosos e rochosos. Assim, estão expostos e vulneráveis ao extremo da seca e as pessoas vivem recolhendo alimentos de um sítio para outro. O Relatório ZimVAC (2014) revela que a pobreza está mais disseminada nos agregados familiares rurais (76%) em comparação com os 38% nas zonas urbanas. Em todo o distrito, os desafios comuns que se apresentam incluem: pobreza endémica e falta geral de oportunidades para as comunidades obterem emprego, má nutrição, chuvas irregulares e prevalência de catástrofes naturais no pico mais alto. As comunidades de Binga, tais como Sinakoma, Siachilaba, Lubanda e Sinansengwe, são afectadas pela seca, que as impede de participar no desenvolvimento da comunidade, tendo forçado as pessoas a depender da ajuda dos doadores, o que não é de todo sustentável. As pessoas pobres são menos capazes de fazer face aos impactos dos choques e da variabilidade climática.

1.2 Declaração do problema

O problema global que tem atormentado o distrito rural de Binga é a insegurança alimentar dos agregados familiares que é uma questão crítica no vale do Zambeze porque a sua magnitude é alarmante. Isto apesar da formulação da política alimentar nacional de aliviar a segurança alimentar das famílias entre os pequenos agricultores através da produção agrícola de alimentos. A insegurança alimentar é devida a várias causas que podem incluir as alterações climáticas que induzem desastres como inundações e secas que minimizam o rendimento das colheitas para os pequenos agricultores. Isto contribui de forma negativa e perigosa para a insegurança alimentar na área se não forem tomadas medidas. Kush Marx (2015) diz que uma declaração de problema é utilizada como um dispositivo de comunicação para que as partes interessadas possam estar familiarizadas com o que está a acontecer à superfície. Com todos estes desafios e problemas encontrados no distrito, não se tem documentado muito sobre a situação da produção alimentar, consumo e fontes familiares de alimentos, bem como as estratégias de sobrevivência entre os pequenos agricultores no distrito rural de Binga. Portanto, o objetivo deste trabalho de investigação será identificar as causas, efeitos, soluções e estratégias de cópia entre os pequenos agricultores e as comunidades no distrito de Binga.

1.3 Objectivos da investigação

Os objectivos específicos do estudo foram os seguintes

1.3.1 Identificar as causas da insegurança alimentar no distrito rural de Binga.

1.3.2 Verificar os efeitos da insegurança alimentar no distrito rural de Binga.

1.3.3 Encontrar soluções para a insegurança alimentar dos pequenos agricultores do distrito rural de Binga.

1.4 Questões de investigação

1) Quais são as causas da insegurança alimentar no distrito rural de Binga?

2) Indicar os efeitos da insegurança alimentar para os pequenos agricultores do distrito rural de Binga.

3) Identificar as soluções e as estratégias/mecanismos de cópia para os pequenos agricultores em matéria de insegurança alimentar.

1.5 Importância do estudo

O estudo tem como objetivo estabelecer os efeitos da insegurança alimentar, as suas causas, soluções e mecanismos de resposta entre os pequenos agricultores do distrito rural de Binga, no Zimbabué. Os resultados da investigação serão partilhados com as partes interessadas do governo e com as organizações da sociedade civil, para que possam encontrar meios e formas de ajudar a resolver o problema que aflige todo o distrito. Os resultados serão também partilhados com o Ministério da Agricultura e da insegurança alimentar dos animais para fornecer informação relevante e contribuir para a elaboração de políticas na área da insegurança alimentar das famílias e dos pequenos agricultores. Além disso, os resultados fornecerão informações relevantes às organizações locais para melhorar a planificação dos programas de apoio à ajuda alimentar no distrito e em qualquer outro lugar. É também fundamental e importante notar que os resultados contribuirão para o corpo de conhecimentos no meio académico e podem fornecer informações sobre as lacunas de segurança alimentar para outras investigações académicas.

1.6 Pressupostos

Nesta investigação, parte-se do princípio que os inquiridos responderão às perguntas de forma honesta e verdadeira e que a sua participação será voluntária durante o período de recolha de dados. Na investigação, os pressupostos são a base de qualquer trabalho credível e válido em relação ao fenómeno em análise. É importante que a sua negação conduza a uma alteração significativa do funcionamento ou dos planos da investigação. O investigador preservará o anonimato e a confidencialidade das informações recolhidas para maximizar a veracidade

1.7 Delimitação

O estudo foi realizado no distrito de Binga, província de Matabeleland North, Zimbabué. A pesquisa avalia os efeitos da insegurança alimentar nas comunidades do distrito de Binga, Zimbabué. No entanto, outros locais que não se encontram em Binga foram evitados para minimizar o engano da pesquisa e para ter uma melhor pesquisa narrativa que tenha uma melhor imagem das questões de segurança alimentar.

1.8 Limitação

Esta investigação tem as suas limitações. No entanto, tais limitações não podem ser tratadas de forma a comprometer o resultado do processo de pesquisa, mas sim para criar uma margem de manobra para pesquisas futuras ao longo das lacunas que esta pesquisa pode deixar; e para o pesquisador conceber estratégias para contrariar as limitações. Esta pesquisa foi confinada a apenas um distrito administrativo de Binga. Isto poderia deixar de fora questões noutras partes do distrito. Portanto, para resolver esta fraqueza, os representantes das ONGs e outras partes interessadas do distrito foram envolvidos no estudo como inquiridos para garantir a máxima representação. Mais uma vez, alguns dos inquiridos da amostra eram analfabetos e não eram capazes de preencher os questionários do inquérito. Isto poderia atrasar o processo de recolha de dados, que exigia tempo suficiente para garantir a qualidade. Para contrariar esta situação, o investigador administrou os questionários do inquérito aos inquiridos analfabetos que estavam envolvidos na investigação. Além disso, os questionários do inquérito foram traduzidos para a língua ChiTonga, que é falada localmente.

1.9 Definição de termos e abreviaturas

1.9.1 Definição de termos

A insegurança alimentar... é o estado de não ter acesso fiável a uma quantidade suficiente de alimentos nutritivos e a preços acessíveis. Pode ser definida como a interrupção da ingestão de alimentos ou dos padrões alimentares devido à falta de dinheiro e de outros recursos.

Comunidade ... é um grupo social de qualquer dimensão, cujos membros residem numa localidade específica, partilham o governo e têm frequentemente um património cultural e histórico comum.

1.9.2 Abreviaturas

FAO Organização das Nações Unidas para a Alimentação e a Agricultura

ONG Organização Não-Governamental

BRDC Conselho Distrital Rural de Binga

ZimVAC Comité de Avaliação da Vulnerabilidade do Zimbabué

OSC Organização da Sociedade Civil

PNUD Programa das Nações Unidas para o Desenvolvimento

KMTC Centro de Formação Kulima Mboobumi

ADRA Agência Adventista de Desenvolvimento e Assistência

SAFCR Resposta à Crise Alimentar na África Austral

IHART Equipa Internacional de Ação Humanitária e Resiliência

1.10 Resumo do capítulo

Este capítulo introduz o objetivo principal da pesquisa que se centra na investigação do impacto da insegurança alimentar no Distrito de Binga. A situação das comunidades pobres que sofrem do abismo ou da seca perene e da fome no distrito rural de Binga levou a pesquisa a revelar as circunstâncias subjacentes ao fracasso do Governo do Zimbabué em prestar plenamente os serviços sociais altamente exigidos, mas que faltam no distrito, uma comunidade rural pobre no Zimbabué. O estudo constata que a prestação de serviços sociais desempenha um papel significativo na indicação dos níveis de pobreza a que uma área está sujeita. O capítulo seguinte apresenta uma revisão crítica da literatura sobre a insegurança alimentar à escala global, africana e nacional, de modo a contextualizar o estudo.

Capítulo 2: Revisão da literatura
2.0 Introdução

Neste capítulo, será iluminado o quadro teórico que orienta este estudo. Esta teoria será utilizada para corroborar os objectivos do estudo e fornecer lentes teóricas para a compreensão do problema investigado. A secção também fará uma revisão da literatura, centrando-se principalmente em estudos anteriores relacionados. Na literatura, a literatura é considerada indispensável, uma vez que define a orientação metodológica do estudo atual (Lincoln & Denzin, 2011), demonstra as lacunas existentes na área do estudo (Rubin e Babbie, 2013), permite a análise comparativa de duas ou mais áreas com problemas semelhantes e fornece o quadro em que se baseia o argumento do estudo atual. Para garantir um espetro alargado de compreensão do problema em estudo, a literatura analisada abrangeu questões a nível global, regional e local.

2.1   Quadro teórico

2.1.1 Abordagem teórica: Teoria dos conflitos e segurança alimentar

A localização da ligação teórica entre insegurança alimentar e conflito deriva do efeito da insegurança alimentar como uma queixa económica e social que aborda a questão da motivação num amplo discurso de desenvolvimento socioeconómico que não pode ser reenfatizado em todo o mundo. O seu lugar no desenvolvimento cultural, económico, político e ecológico de qualquer sociedade ou país é perturbar os seres humanos. Por conseguinte, a insegurança alimentar na comunidade não pode ser claramente compreendida sem situar a sua historicidade nas comunidades locais. No esquema de desenvolvimento global, o papel da segurança alimentar tem uma ligação simbiótica com os Objectivos de Desenvolvimento Sustentável (ver o objetivo número 1): fome zero. Os objectivos de desenvolvimento sustentável visam acabar com todas as formas de fome e subnutrição até 2030, assegurando que todas as pessoas tenham alimentos suficientes e nutritivos durante todo o ano. Isto pode implicar a promoção de uma agricultura sustentável, o apoio aos pequenos agricultores e a igualdade de acesso à terra, à tecnologia e aos mercados. Para este estudo atual, a segurança alimentar, desde a perspetiva histórica até aos dias de hoje, continua a ser um ingrediente importante na determinação do sustento da vida do povo de Tonga e de todas as outras pessoas no mundo.

Os violentos motins ocorridos durante a crise mundial dos preços dos alimentos de 2007-2008 mostram que os choques nos preços dos alimentos podem alimentar os efeitos da recente escalada de violência no Nordeste da Nigéria é um exemplo do reverso da medalha: conflitos civis que agravam a insegurança alimentar e nutricional. A maioria das pessoas foi deslocada em resultado do confronto entre os combatentes do Boko Harram e as forças governamentais nigerianas, deixando muitas pessoas precariamente sem alimentos. A ameaça iminente de um ataque dos insurrectos nas zonas rurais do Nordeste tem perturbado de forma tangível as actividades agrícolas, porque alguns agricultores têm medo de plantar as suas colheitas, enquanto outros abandonaram completamente as suas terras para fugir à violência. As actividades de conflito e a consequente deslocação em massa de pessoas conduziram a uma redução da oferta de alimentos nas zonas produtoras de alimentos e a um aumento da procura de alimentos em zonas relativamente seguras. Assim, o conflito é o principal fator de permanência que perturba a produtividade agrícola no mundo.

2.1.2 Panorama global

A revelação dos efeitos da insegurança alimentar à escala global também incorpora vários defeitos de desenvolvimento e quadros regulamentares em domínios relacionados com a insegurança alimentar, o nível de rendimento das famílias, a escalada da pobreza e os sistemas ecológicos insustentáveis. Com a intensificação do desaparecimento de espécies marinhas, peixes, plantas e animais, os Objectivos de Desenvolvimento Sustentável das Nações Unidas referem-se à importância de proteger os ecossistemas marinhos e terrestres para garantir um futuro sustentável. A título de exemplo, os ODS 13 sobre as alterações climáticas, 14 sobre a água do mar e 15 sobre a vida terrestre, todos eles referem a importância de gerir o desenvolvimento social, económico e ecológico do ambiente. Como defendido por Mango et al (2013), a segurança alimentar continua a ser um aspeto importante da agricultura e tem um papel muito especial na redução da pobreza. Por exemplo, a Organização Mundial do Turismo tem sido cada vez mais pressionada a padronizar e promover padrões globais de pesca (Organização Mundial do Turismo, 2018). Esta chamada de atenção convida à análise contextual de como a insegurança alimentar está intrinsecamente ligada aos valores culturais das pessoas, às estratégias económicas e às conversas ambientais. Pode, portanto, ser implorado que o papel da insegurança alimentar afecte todo o mundo no âmbito das transacções culturais e ecológicas dos seres humanos.

Em todo o território dos Estados Unidos, a secura e a seca expandiram-se no Sul e no Sudeste. A partir de 26 de outubro de 2021, 39,6% dos Estados Unidos estão em seca. Acres de safras nos EUA estão passando por condições de seca. Myers, (2017) diz que a insegurança alimentar é um problema persistente nos Estados Unidos e é desproporcionalmente distribuída entre grupos raciais ou étnicos, com algumas evidências de que negros e latinos não latinos apresentam taxas mais altas do que brancos não latinos. Entre os maiores e um dos grupos de crescimento mais rápido nos EUA, os hispânicos nascidos no estrangeiro têm taxas de insegurança alimentar mais elevadas do que os brancos não-hispânicos nascidos nos EUA. Além disso, a insegurança alimentar é um fator correlacionado com a saúde precária, apresentando uma associação consistente com o estado de incapacidade. Nos EUA, verificou-se que os indivíduos e os agregados familiares com um adulto com deficiência enfrentam taxas desproporcionalmente mais elevadas de insegurança alimentar do que os agregados familiares sem uma pessoa com deficiência. She e Livermore (2017) afirmaram de forma diferente que, entre os indivíduos de baixos rendimentos que relataram insegurança alimentar com fome, 43% relataram uma limitação de trabalho no ano passado. Além disso, existem menos programas ou apoios governamentais que protegem os adultos em idade ativa e, em particular, os que têm deficiência, da insegurança alimentar em comparação com os adultos mais velhos (ou seja, refeições e rodas). Por conseguinte, pode dizer-se que as limitações físicas impedem a capacidade de uma pessoa comprar alimentos para a família; as limitações cognitivas podem frustrar a capacidade de planear ou fazer malabarismos com as despesas domésticas e podem também limitar a eficácia social e as interacções sociais.

2.1.3 Panorama regional

Tal como a nível mundial, a insegurança alimentar tem sido uma pandemia comum e é endémica em África. A agricultura desempenha um papel importante na Etiópia - 80% da população é agrária. A agricultura contribui para 40% do Produto Interno Bruto (PIB) do país. Apesar da importância da agricultura para a economia, os pequenos agricultores são confrontados com as vulnerabilidades das práticas agrícolas alimentadas pela chuva (Geda, 2011) e com terras insuficientes para satisfazer as necessidades básicas, mesmo nos anos mais férteis (Abebe e Shanko, 2018). Na África Ocidental, observa-se que a insegurança alimentar está a afetar o desenvolvimento e que este estagnou e ficou parado no mundo.

Os principais factores de insegurança alimentar aguda na Somália incluem os efeitos combinados da má e errática distribuição das chuvas, das inundações e dos conflitos entre os membros da comunidade. As chuvas fracas conduziram a uma produção agrícola inferior à média no sul da Somália e a más perspectivas de colheita nas zonas de subsistência agro-pastoris do noroeste. Embora se tenham registado algumas chuvas fortes entre o final de abril e maio, que reabasteceram parcialmente as pastagens e os recursos hídricos, estes recursos são inadequados para apoiar a produção animal normal até ao início da estação seca. Além disso, as inundações provocaram novas deslocações da população e danificaram as culturas e as terras agrícolas nas zonas ribeirinhas das regiões de Hiiran, Shabelle e Juba. Os gafanhotos do deserto continuam a representar um grave risco para a disponibilidade de pastagens e a produção agrícola em toda a Somália. A produção de cereais no Sul da Somália foi inferior à média de 1995-2020, principalmente devido a precipitações fracas e irregulares, à insegurança, às inundações fluviais e à escassez de factores de produção agrícola. O início tardio e a distribuição errática das chuvas, caracterizados pela precipitação de abril a junho de 2021 da GU, foram inferiores à média de 40 anos em grande parte do país. Prevê-se que a insegurança alimentar se deteriore ainda mais entre as populações pobres rurais, urbanas e deslocadas devido aos impactos da precipitação prevista abaixo da média (outubro-dezembro) da estação de 2021, à insegurança contínua e a outros factores de risco relacionados com a insegurança alimentar, incluindo o aumento dos preços dos alimentos e do custo de vida, a diminuição da disponibilidade de leite para consumo e venda e uma provável redução das oportunidades de emprego agrícola durante a próxima estação. Sem uma assistência alimentar humanitária sustentada, prevê-se que 3,5 milhões de pessoas em toda a Somália enfrentem uma situação de crise ou pior entre outubro e dezembro de 2021.

A insegurança alimentar no Sudão fez subir os preços dos produtos alimentares e deteriorou as condições económicas, causando elevados níveis de vulnerabilidade no Sudão, onde cerca de 9,3 milhões de pessoas necessitam de assistência humanitária em 2020, de acordo com o Plano de Resposta Humanitária do país (HRP). As restrições à circulação e às actividades económicas devido à doença do coronavírus (COVID-19) agravaram a crise macroeconómica e reduziram as oportunidades de obtenção de rendimentos, em especial para as famílias pobres urbanas e periurbanas dependentes do trabalho assalariado e do pequeno comércio. As medidas de contenção da COVID-19 reduziram o acesso ao mercado, limitando os rendimentos dos agricultores, das comunidades pastoris e dos exportadores. A combinação de preços elevados dos produtos alimentares de base com a redução do poder de compra das famílias resultou num aumento do número de pessoas em situação de crise ou num nível mais grave de insegurança alimentar aguda durante o período de escassez de junho a setembro. As zonas como os Estados de Darfur, Kassala, Cordofão do Sul e Mar Vermelho irão deteriorar-se para condições de crise, prevendo-se resultados de emergência em partes dos Estados do Mar Vermelho e de Kassala, bem como entre as populações deslocadas internamente (IDPs) nas zonas afectadas pelo conflito em Jebel Marra e no Estado do Cordofão do Sul.

Os últimos resultados da análise alimentar aguda do IPC indicam que, entre julho e setembro de 2021, cerca de 1,18 milhões de pessoas na Zâmbia estão a enfrentar elevados níveis de insegurança alimentar aguda. As inundações, os preços elevados do milho e as pragas conduzem à insegurança alimentar aguda do país, apesar de uma boa colheita. A população em situação de grande insegurança alimentar necessita de assistência humanitária urgente para reduzir as lacunas alimentares, proteger e restabelecer os meios de subsistência e prevenir a subnutrição aguda. A situação deteriorou-se particularmente na província ocidental, onde cinco distritos foram classificados como estando em crise (PAM 2021, Relatório). Na província ocidental, dez províncias são susceptíveis de enfrentar uma crise, níveis de insegurança alimentar e exemplos de tais distritos incluem Gwembe, Siavonga, Sinazongwe e dois na província de Lusaka (Luangwa, Rufunsa) e o distrito de Lunga, Chivuma e Chilubi. O impacto da COVID-19, bem como o período de seca e as inundações em zonas seleccionadas, reduziram a capacidade de acesso destes agregados familiares aos alimentos.

2.1.4 Panorama local

O impacto da insegurança alimentar no Zimbabué, tal como noutros países do mundo, continua a ser importante, mas controverso e pouco claro. Dotado de uma vastidão de chuvas e de massas de água, o Zimbabué tem boas colheitas. Usando o distrito de Binga como um estudo de caso, o autor observou que a insegurança alimentar é prevalecente e endémica nas comunidades rurais. Assim, a pesca é feita em diferentes escalas e em diferentes pontos da água. Autores como (Chingono 2019) dizem que o Zimbabué está à beira da fome provocada pelo homem. Especialistas da ONU afirmam que a escassez de alimentos que afecta 60% da população do país ameaça agravar a instabilidade política. Na mesma linha, Hilal Elver, relator especial das Nações Unidas sobre o direito à alimentação, afirmou que a situação agravou a instabilidade política no país do Sul. Após uma visita de 11 dias a partes do país mais afectadas pela seca induzida pelo El Nino, Hilal Elver afirmou que a situação agravou a instabilidade política no Sul do país. A insegurança alimentar generalizada foi exacerbada pela hiperinflação. O povo do Zimbabué está a chegar ao ponto de sofrer de uma fome provocada pelo homem. Outros factores que afectaram estas famílias incluem os preços elevados dos produtos de base e pragas como os gafanhotos migratórios africanos.

Os distritos de Lupane, Nkayi e Tsholotsho, em Matabeleland North, no Zimbabué, sofrem do mesmo problema de insegurança alimentar. Estes distritos são equilibrados e apoiados por organizações humanitárias que visam melhorar a vida das comunidades afectadas em geral. Diz-se que a escassez de alimentos se deve às alterações climáticas que alteraram o regime de chuvas, resultando em mudanças de estação que contribuem negativamente para o rendimento das colheitas em todas as regiões. As causas da insegurança alimentar não podem ser estudadas numa abordagem monocausal, pelo que outros factores que aceleram a escassez de alimentos têm de ser tidos em conta para explicar em pormenor como é que a insegurança alimentar se instalou no país. As alterações climáticas criaram condições de vida inviáveis no Norte de Matabeleland, onde as pessoas e os animais estão a perder a sua condição física devido à falta de água e de alimentos, os animais excederam a sua capacidade de carga, a erva e/ou as pastagens disponíveis não suportam os animais domésticos disponíveis. Esta situação deve-se a chuvas irregulares que não caem durante o resto das estações e ao aumento das actividades humanas, como a limpeza dos campos e a queima de cortes de árvores empilhados, que contribuem para os incêndios de veld, pelo que as pastagens são consumidas e devoradas pelo fogo.

No caso do distrito de Binga, um distrito que se situa na região 4 e que recebe chuvas irregulares ao longo do ano, é duramente afetado pela insegurança alimentar atribuída às alterações climáticas. Os locais em Binga que são propensos à seca são Siachilaba, Sianzyundu, Manjolo, Musenampongo e Nsenga, devido aos solos pobres infestados de areia e que têm a sua camada superior e húmus arrastados pela água corrente. A maior parte das comunidades aqui não tem campos, pois os seus campos foram transformados em terras más devido à erosão grave provocada pela deslocação de animais domésticos, uma vez que os animais se deslocam de um local para outro em busca de erva verde e água, soltando os solos e expondo-os ao agente da erosão dos solos. Os solos também perderam a fertilidade por volatilização, os nutrientes do solo foram queimados pelo calor da luz solar e pelos incêndios de veld, pelo que já não suportam a vegetação e as culturas, afectando assim a produtividade e o rendimento das culturas. É esta insegurança alimentar que leva as pessoas de Binga a receberem assistência e ajuda humanitária todos os anos (as pessoas estão a tornar-se parasitas - incapazes de se manterem de pé face a situações difíceis como a seca). As pessoas em Binga levarão tempo a recuperar da sua situação devido à localização geográfica das áreas e à forma como a região recebe água da chuva, o que não é sustentável.

Uma fotografia tirada na zona ribeirinha do rio Sengwa (Kuka Lomo, aldeia de Sinakatenge no distrito rural de Binga) Nzala *nkalonga (A seca é como um riacho, desaparece quando as pessoas colhem as suas colheitas)*

A figura 1 acima mostra as pessoas na planície de inundação do rio Sengwa, praticando a agricultura de recessão de inundação, tentando responder aos efeitos e choques severos das alterações climáticas. Cultivam milho, abóboras e batata-doce, utilizando a humidade antecedente nas estações pós-chuviais.

2.2 Resumo do capítulo

Este capítulo deliberou sobre o quadro teórico que orienta o estudo. No mesmo contexto, a revisão da literatura foi elucidada e iluminada. A revisão da literatura centrou-se no global, no regional e no local. No capítulo seguinte, será explorada a orientação metodológica para mostrar como os dados serão recolhidos junto dos participantes. Isto fornecerá orientações práticas sobre a recolha e análise de dados.

CAPÍTULO 3: METODOLOGIA DE INVESTIGAÇÃO

3.0 Metodologia de investigação

3.1 Introdução

Nesta secção, as questões metodológicas são esclarecidas e discutidas em profundidade, o que influenciou a recolha, a interpretação e a síntese dos dados para este estudo. Para Denim e Lincoln (2011), quaisquer "métodos de investigação amplamente divididos em conceção quantitativa e qualitativa são elaborados juntamente com estratégias de amostragem e técnicas de recolha de dados." Na mesma secção, são também apresentadas questões relacionadas com as limitações do estudo e considerações éticas. Na literatura, a metodologia de investigação é apreciada por fornecer um curso bem definido de recolha de dados (Fetters, 2018); "uma forma de descobrir os resultados do problema sob investigação" (Goddard & Melville, 2004); "permite ao investigador responder às questões de investigação não respondidas" (DeJonckheere et al., 2018) e "fornece uma abordagem sistematizada para obter conhecimento" Redmond & Mory, 2009). A partir do exposto, a metodologia de investigação permitiu ao investigador recolher dados sobre a insegurança alimentar no distrito de Binga, no Zimbabué.

3.2 Conceção da investigação

Devido à complexidade histórica das questões relacionadas com a insegurança alimentar nas comunidades do distrito, o estudo utilizou o desenho de investigação qualitativa como modelo para a recolha e análise de dados. Como argumentado por Whiteman (2016), o desenho da pesquisa qualitativa fornece percepções exploratórias e profundas sobre alguns fenómenos que são difíceis de explicar. Neste cenário, Goud (2001) defende que a investigação qualitativa é mais adequada para estudos culturalmente integrados, uma vez que permite despertar a consciência com novas descobertas. Uma vez que o estudo era principalmente para o valor histórico e mesmo para o atual local de pesca, as percepções da comunidade poderiam ser melhor compreendidas através de um desenho de investigação qualitativa. Embora o design qualitativo seja criticado por suas deficiências na previsão da causalidade do comportamento social (Rasinger, 2013) e restrito às generalizações dos resultados (Denzin & Lincoln, 2018); vários estudiosos (por exemplo Lincoln & Denzin, 2011) elogiam-na pela sua natureza relacional e participativa, estimulam a experiência individual tanto para investigadores como para investigados (Rahnman, 2017); fornecem e asseguram profundidade na compreensão do fenómeno social em vez de confiarem em contagens gerais (Watkins, 2015) e capacidade de explicar problemas complexos e sociais (Tsushima, 2015). Com base nestas observações, o estudo utilizou um desenho de investigação qualitativa para interrogar a utilidade da pesca entre o povo de Tonga.

3.3 Definições do estudo

O estudo foi efectuado no distrito de Binga. Constitucionalmente, o distrito de Binga tem 25 bairros com um vereador por cada bairro. No entanto, o investigador escolheu o distrito devido à sua posição única em relação ao tópico sob investigação. Algumas das circunscrições de Binga, como Luunga, circunscrição 1, e Sinakoma, circunscrição 5, sofreram inundações em fevereiro de 2019, que devastaram as colheitas dos membros da comunidade. Com base nestas características importantes, o investigador considerou desejável utilizar Binga como área de estudo de caso.

3.4 População-alvo

A população-alvo é definida como "todo o grupo de indivíduos ou objectos aos quais o investigador está interessado em generalizar as conclusões ou resultados da investigação" (Asiamah et al., 2017). Noutros termos de investigação, é o grupo total de pessoas de onde foi retirada a amostra do estudo. Neste estudo, a população-alvo a quem o estudo recolheu dados é a população de língua BaTonga no bairro de Sinakoma. Devido à natureza do tópico, o estudo teve como alvo os agricultores (homens e mulheres), líderes comunitários, idosos com mais de 50 anos que já pescaram, membros de cooperativas de pesca e informantes-chave na forma de Administradores Distritais e representantes do CAMPFIRE.

3.5 Amostragem, técnicas de amostragem e dimensão da amostra

Habitualmente, uma amostra é um grupo de pessoas ou objectos retirados de uma população maior para medição (Sim et al., 2018). Por outras palavras, uma amostra implica as pessoas a quem os dados são recolhidos e os resultados são generalizados. Rubin & Babbie (2017) referem que "a amostra deve ser representativa da população mais alargada na sua totalidade, a fim de garantir que os resultados da investigação possam ser generalizados à população estudada no seu todo". A maioria dos académicos subdivide a amostragem aleatória probabilística em três categorias principais: amostragem aleatória simples, amostragem estratificada e amostragem por conglomerados.) Por outro lado, a amostragem não probabilística, que implica a seleção dos participantes com base no julgamento do investigador e não na seleção aleatória (Erba et al., 2018), é mais sinónimo de conceção de investigação qualitativa.

Tendo em conta que o estudo se baseia numa conceção de investigação qualitativa, foi adoptada uma amostragem não probabilística. Quanto aos dados qualitativos, o investigador utilizou o método de amostragem intencional para selecionar 5 informadores-chave e a amostragem conveniente para selecionar 12 participantes para participarem nas Discussões em Grupo Focalizadas e nas Entrevistas em Profundidade. A amostragem intencional é considerada apropriada para os informadores-chave na recolha de dados (Santagelo et al., 2013). Envolve a utilização do julgamento ou da intuição do investigador para selecionar os participantes que possuem as características do problema sob investigação. Muitas vezes, é apropriado quando o conhecimento especializado é necessário no estudo. Os participantes que estavam prontamente disponíveis foram seleccionados para entrevistas aprofundadas e discussões em grupos de discussão utilizando uma amostragem conveniente. A amostragem por conveniência centra-se na seleção dos participantes com base na sua proximidade e acessibilidade ao investigador (Tress, 2017). Os participantes nas entrevistas aprofundadas e nos debates dos grupos de discussão foram seleccionados entre os mesmos participantes que participarão nos inquéritos através de uma amostragem conveniente. Embora as técnicas de amostragem não probabilística sejam criticadas por falta de representatividade (Omair, 2014), poupam tempo e são fáceis de realizar (Valerio et al., 2016).

3.6 Métodos de recolha de dados e instrumentos de investigação

Foram adoptadas várias técnicas de recolha de dados qualitativos, como indicado a seguir:

3.6.1 Entrevistas em profundidade

O investigador efectuou 12 entrevistas aprofundadas, utilizando um guia de entrevista aprofundada. Este consistiu em perguntas abertas para captar as perceções dos participantes sobre a utilidade da pesca entre o povo de Tonga. Como argumentado por vários académicos, as entrevistas em profundidade podem permitir ao investigador ter perguntas de seguimento

(Santagelo et al., 2013); fácil de estabelecer uma relação com os participantes e pode ser usado para monitorizar pistas de comunicação não verbal (Dobbie et al., 2017). Embora vários académicos sejam céticos em relação às entrevistas em profundidade devido à falta de generalização dos dados e ao facto de consumirem muito tempo (Dobbie et al., 2017), a investigação conseguiu sondar e observar o comportamento dos participantes durante as sessões de recolha de dados. Por conseguinte, uma análise exclusivamente numérica pode deixar de fora algumas lacunas importantes que têm de ser abordadas por ferramentas de recolha de dados abertas, como o guia de entrevistas aprofundadas.

3.6.2 Discussões em grupo

O investigador também conduziu dois GFD, um com a geração jovem (com idades entre os 22 e os 59 anos) e outro com os idosos (com mais de 60 anos), para avaliar os temas relacionados com a insegurança alimentar da população de Tonga. Um dos GF com a população idosa era composto por 6 participantes, em igual número de homens e mulheres, e o outro com a geração jovem também era composto por 6 participantes (3 mulheres e 3 homens). A fim de realizar um debate exaustivo, cada sessão durou entre 60 e 75 minutos. Muitos académicos (Rubin & Babbie, 2017) consideram que os GFD são a melhor forma de captar a atitude e as opiniões das pessoas coletivamente, poupam tempo, recolhem dados densos e os resultados são mais fáceis de compreender.

3.6.3 Entrevistas com informadores-chave

O investigador cimentou ainda mais os métodos de recolha de dados através da realização de 5 entrevistas a informadores-chave utilizando um guia de entrevista aberto sobre várias questões relacionadas com o valor da pesca na comunidade sob investigação. Os informadores-chave são utilizados principalmente para obter informações especializadas sobre problemas prementes da comunidade quando existem poucos membros especializados na comunidade (Wong, 2008); compreender pessoas com antecedentes diversos sobre determinados problemas; discutir tópicos sensíveis e controversos (Mishra, 2016) e obter opiniões aprofundadas sobre o problema. No entanto, Brown (2013) observa que as entrevistas a informadores-chave requerem uma seleção cuidadosa dos participantes com conhecimentos sobre o tema, a fim de garantir que os dados recolhidos satisfazem os objectivos do estudo.

3.7 Apresentação e análise dos dados

A análise de dados é um processo sistemático de estruturação, ordenação e significado dos dados recolhidos para a tomada de decisões (Labree, 2009). O objetivo da análise de dados é inspecionar, limpar, transformar e modelar os dados com o objetivo geral de obter informações úteis para sugerir conclusões e apoiar a tomada de decisões. Os dados qualitativos foram integrados utilizando os temas dos objectivos do estudo.

3.7.1 Procedimentos éticos

As questões éticas continuam a ser parte integrante de qualquer investigação científica. Tafirenyika (2017:7) afirma que "a ética da investigação é a pedra angular da realização de uma investigação eficaz e significativa". De acordo com o Conselho de Ética para a Investigação (2013), a ética na investigação significa os princípios morais que orientam a investigação desde o seu início, até à conclusão e publicação dos resultados e mais além. A este respeito, a investigação deve ter em conta a proteção do ser humano e a integridade do seu comportamento durante e após o estudo.

3.7.2 Autorização e permissão para efetuar um estudo

Para garantir a segurança do investigador, a investigação procurou obter autorização para entrar na comunidade. A carta de autorização foi apresentada às autoridades, esclarecendo a finalidade e os objectivos do estudo. A carta foi apresentada aos chefes, aos conselhos de bairro, aos chefes de aldeia Kraal e aos participantes na investigação. Morris (2015) argumenta que pedir autorização para realizar uma investigação em qualquer comunidade garante a prestação de contas, a responsabilidade e abre caminho para uma recolha de dados amigável.

3.7.3 Consentimento informado e participação voluntária

Saunders et al (2016) observam que o consentimento informado é a pedra angular de um processo de investigação voluntário e democrático. O investigador elaborou um formulário de consentimento para os participantes, que foi traduzido para Tonga para facilitar a compreensão dos participantes. Os participantes não foram coagidos a participar e os que estavam dispostos a participar assinaram os formulários. Foi esclarecido aos participantes que não tinham qualquer obrigação de participar no estudo e que podiam desistir em qualquer altura. O investigador utilizou ainda o consentimento oral, pedindo ao participante que concordasse em iniciar ou não a entrevista.

3.7.4 Confidencialidade e anonimato

Rubin e Babbie (2012) argumentam que garantir a confidencialidade e o anonimato é uma demonstração clara da consciência do investigador para proteger o bem-estar dos participantes na investigação. A confidencialidade é definida como uma forma de privacidade em que os participantes não são partilhados em termos físicos, técnicos e administrativos (Morris, 2015). Por outro lado, o anonimato implica que as pistas de identificação dos participantes são removidas, incluindo nomes, endereços e quaisquer outros pormenores (Crow & Wiles, 2008). A confidencialidade e o anonimato das informações dos participantes e dos seus nomes foram exercidos neste estudo. Os instrumentos de investigação não continham os nomes dos participantes e foram utilizados pseudo-nomes durante a apresentação dos dados. Isto deve-se ao facto de as questões relacionadas com as práticas culturais ou tradicionais dos participantes deverem ser protegidas e divulgadas em público.

3.7.5 Comunicação e publicação de dados

Os académicos (por exemplo, Mamvuto, 2014; Matikiti, 2013) concordam que a ética na apresentação de dados é frequentemente ignorada pela maioria dos investigadores. Os mesmos autores argumentam que a duplicação de informações em manuais escolares ou em linha e a manipulação deliberada da apresentação de dados constituem uma grave violação da ética na investigação. Para evitar esta situação, o investigador assegurou que os resultados do estudo fossem tratados com honestidade, objetividade, integridade, cuidado e legalidade. Os dados recolhidos foram apresentados e comunicados sem qualquer manipulação deliberada ou consciente dos resultados.

3.8 Limitações

T s restrições de tempo foram um grande desafio durante o processo de recolha de dados. O investigador teve apenas 5 dias para recolher dados qualitativos e quantitativos, tendo em conta o período e o tempo restritos. O estudo procurou compreender a questão dos efeitos da insegurança alimentar, o que exigiu mais tempo para observar e analisar a partir de diferentes perspectivas. No entanto, o investigador tentou, tanto quanto possível, utilizar os métodos de triangulação durante a recolha de dados para permitir uma visão comparativa dos dados recolhidos. A generalização dos resultados pode revelar-se difícil, tendo em conta que o estudo se dirige apenas a pessoas de língua tonga. Como argumentado por (Lelya & Lelya, 2017), as questões tradicionais e históricas são únicas e cada comunidade tem o seu próprio modo de vida. Isto significa que o impacto da insegurança alimentar entre o povo de Tonga não pode ser o mesmo entre outras sociedades tradicionais em todo o mundo. No entanto, o investigador tentou minimizar este facto recorrendo a outros estudos semelhantes durante a discussão dos dados para verificar as semelhanças e diferenças. Além disso, o facto de a investigação se centrar num único estudo de caso pode motivar outros investigadores a realizar estudos semelhantes noutras comunidades para fins comparativos.

3.9 Resumo do capítulo

Este capítulo centrou-se na metodologia de investigação, destacando as filosofias de investigação, o desenho da investigação, as técnicas de amostragem, os métodos de recolha de dados e a consideração ética. Apresentou os processos, procedimentos, métodos e abordagens utilizados na investigação do impacto da segurança alimentar nas comunidades rurais de Binga. Nesta investigação, foram adoptadas técnicas de investigação qualitativas e quantitativas, como medida para contrariar as falhas de cada abordagem e apresentar uma análise abrangente dos resultados da investigação. Isto ajudou o investigador a chegar às unidades em estudo que envolviam funcionários do governo, extensionistas, líderes locais, representantes de ONGs e membros da comunidade. A ética foi muito bem apreendida quando o investigador recolheu dados através de entrevistas, questionários de inquérito, observações e análise de conteúdo da literatura. No próximo capítulo serão apresentados os resultados, tendo em conta os objectivos do estudo.

CAPÍTULO 4: APRESENTAÇÃO E ANÁLISE DOS DADOS

4.1 Introdução

Esta secção do estudo centrou-se na apresentação, discussão e análise dos dados. O objetivo deste capítulo foi comunicar os efeitos da insegurança alimentar às comunidades rurais. Envolveu também a ordenação e estruturação dos dados para produzir o conhecimento pretendido pelo investigador na realização do estudo. Os dados recolhidos foram baseados nas causas, efeitos e soluções para a insegurança alimentar nas zonas rurais. O capítulo anterior centrou-se nas questões metodológicas; foram discutidos o desenho da investigação, as técnicas e instrumentos de recolha de dados, a população-alvo e a estratégia de amostragem. É importante que os dados sejam apresentados, discutidos e analisados porque satisfazem os requisitos dos objectivos do estudo (Mazise, 2011). Por conseguinte, esta secção destina-se a avaliar se os objectivos declarados do estudo foram alcançados e em que medida foram alcançados. Os dados foram utilizados para satisfazer os requisitos dos objectivos deste estudo.

4.2 Taxa de resposta

Usando os registos das aldeias, os membros da comunidade foram localizados, agrupados e amostrados a partir da lista de 5 aldeias das 9 aldeias registadas em Binga. Os extensionistas, funcionários do governo e representantes de ONGs foram localizados nos seus locais de trabalho. A Tabela 2 abaixo indica as taxas de resposta dos grupos amostrados.

Tabela 1: Taxas de resposta

Grupo de amostras	Instrumentos de investigação utilizados	Quantidade prevista de instrumentos de investigação	Ferramentas efetivamente concluídas	Taxa de resposta
Extensionistas	Entrevistas	4	4	100 %
Representantes das ONG	Entrevistas em profundidade	4	4	100 %
Membros da comunidade	Questionários de inquérito	20	20	100 %

Informadores-chave a nível distrital	Entrevistas com informadores-chave	6	6	100 %
Líderes locais a nível de bairro	Entrevistas com informadores-chave	6	6	100 %
Total		40	40	100 %

Fonte: Dados de campo, 2024

Foi registada uma taxa de resposta de 100% para todas as categorias de inquiridos da amostra. Isto deveu-se ao facto de o investigador ter feito um esforço adequado para chegar a todos os inquiridos. A taxa de resposta de 100% dos questionários deveu-se ao facto de ter sido dado tempo aos inquiridos para responderem às perguntas através da autoadministração, mas 10% dos questionários foram devolvidos parcialmente preenchidos. Todos os membros da comunidade incluídos na amostra tinham mais de dez anos de permanência em Binga. Além disso, o investigador administrou os questionários (50%) a alguns membros analfabetos da comunidade. Isto serviu para reduzir o tempo necessário para a recolha de dados. As ONGs incluídas na amostra eram 2 OPVs, 1 Trust e 1 OBC. A taxa de resposta de 100% reduziu a parcialidade e garantiu a validade e a fiabilidade dos resultados da investigação.

O quadro 2 mostra os inquiridos por sexo.

Quadro 2 Inquiridos por sexo

Categoria	Homens	Mulheres	Total
Extensionistas do governo	75 (%)	25 (%)	100 (%)
Representantes das ONG	75 (%)	25 (%)	100 (%)
Membros da comunidade	50 (%)	50 (%)	100 (%)
Informadores-chave a nível distrital (funcionários do governo)	83 (%)	17 (%)	100 (%)

Informadores-chave a nível de bairro (líderes locais)	67 (%)	33 (%)	100 (%)

Fonte: Dados do inquérito de campo

As disparidades de género foram observadas em amostras que envolviam funcionários do governo, representantes de ONGs, líderes de ala e trabalhadores de extensão, indicando maiores desequilíbrios de género em tais posições no Distrito de Binga em geral e na ala de Sinakoma em particular, como retratado pela baixa percentagem de mulheres nestas áreas. No entanto, o investigador integrou o género na amostragem de membros da comunidade onde tanto os homens como as mulheres tinham igual representação e evitou a discriminação com base nas diferenças de género. Estes desequilíbrios de género têm um impacto negativo no desenvolvimento da comunidade e indicam também a prevalência da pobreza entre as mulheres que não têm representação em posições de governação na sociedade.

Na figura 1 abaixo, os inquiridos são categorizados por idade. Isto ajudou o investigador a examinar as percepções da pobreza e da insegurança alimentar a partir de diferentes categorias de idade dos vários inquiridos. Figura 1 Idades dos inquiridos

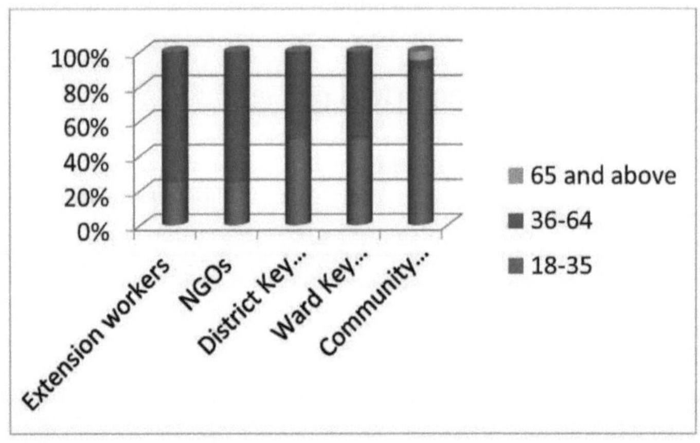

Fonte: Dados de campo

65% dos inquiridos tinham entre 18 e 35 anos de idade, seguidos pelos que tinham entre 36 e 64 anos (32,5%) e pelos que tinham 65 anos ou mais (2,5%). Estes números significam que as pessoas com idades compreendidas entre os 18 e os 35 anos (idade jovem) são as mais afectadas pela insegurança alimentar. O facto de não participarem plenamente nas actividades agrícolas compromete os resultados e o impacto de bons rendimentos. Assim, é fundamental ter em conta a idade ativa, que é capaz de participar plenamente na agricultura e no desenvolvimento, pelo que a sua exclusão de uma participação significativa no desenvolvimento comunitário negligencia o foco de desenvolvimento das comunidades rurais e a segurança alimentar é prejudicada.

4.3 Causas da insegurança alimentar no distrito rural de Binga

A partir das respostas dos diferentes inquiridos durante a pesquisa, foram identificadas as causas putativas válidas da insegurança alimentar nas comunidades do vale do Zambeze. A insegurança alimentar tem múltiplas causas que coexistem a nível individual, familiar, comunitário e nacional (Barret, 2014). Muntanga e Mutale (2024) afirmaram que a pobreza é a principal causa da sua vulnerabilidade à insegurança alimentar e é uma das características que definem as pessoas no vale do Zambeze. Existem muitas causas que desencadeiam a insegurança alimentar, mas as que estão listadas abaixo são imensas e muito comuns no distrito.

4.3.1 Lista das causas da insegurança alimentar

CAUSAS	BREVE EXPLICAÇÃO
Falta de acesso às terras agrícolas	A maior parte da terra no vale do Zambeze é propriedade dos líderes tradicionais (homens) e aqui as mulheres estão em desvantagem porque não conseguem aceder à terra para a agricultura. As terras férteis estão cobertas por parques nacionais e os membros da comunidade não estão autorizados a alargar as suas explorações agrícolas
Apropriação de terras	Algumas das terras destinadas à agricultura foram confiscadas pelo conselho rural de Binga para a construção de hortas comunitárias. Por conseguinte, as famílias que ocupavam as terras foram perseguidas e despejadas sem cerimónias

Conflitos familiares e violência	Algumas das aldeias de Binga são violentas, preferem a luta à paz e isso perturba as actividades agrícolas a serem realizadas pelos membros da família.
Catástrofes naturais	Zonas como Sinakoma foram duramente afectadas pelas inundações de 2019, que destruíram as colheitas e o gado. Isto afectou as colheitas em 2020, o que levou à seca. As pessoas migraram porque perderam as terras para a agricultura
Alterações climáticas	A mudança do clima tem efeitos insuportáveis para as culturas e plantas. A maior parte das colheitas em Nsungwale (uma aldeia no distrito de Sinakoma) foi destruída pela intensidade da luz solar. O murchamento das culturas levou ao fracasso das colheitas que deu origem à seca. Os efeitos do EL-Nino de 2023/24 induziram a seca na região sul, incluindo o Zimbabué
Crescimento da população	O crescimento da população provocou uma pressão sobre os poucos recursos ou alimentos disponíveis. A terra está a ficar sobrecarregada com a população que cresce a um ritmo alarmante. A população cresce, mas a terra não cresce.
Métodos agrícolas deficientes	As comunidades de Binga usam métodos tradicionais de agricultura que envolvem o uso de enxadas manuais e o cultivo de pequenas culturas de grãos. Cultivam um único tipo de cultura ano após ano (monocultura), o que contribui para uma fraca produção no final do ano, dando origem a secas.
Conflitos entre o homem e a vida selvagem	A maioria das alas em Binga estão perto dos parques nacionais e a comunidade não está sob a cobertura da cerca electrificada. Isto significa que os animais terrestres, como os elefantes, devastam as culturas cultivadas pelos animais.

Fonte: Dados de campo 2024

As causas acima listadas emanaram dos inquiridos que participaram na pesquisa e a informação fornecida mostra e descreve o que está realmente a causar a insegurança alimentar no distrito. Durante a pesquisa, um dos inquiridos disse que

"Iswe nzala ngayatujata kufwambana akambo kakuti myuunda njitulima minini abobo myelweyabantu mumuunzi mbiingi, mpawo chikkafu ngachacheya"

O inquirido é residente em Binga e diz com propriedade que a sua família enfrenta o desafio da fome todos os anos devido aos pedaços de terra que são muito pequenos em comparação com o número de famílias que são sustentadas pelo pequeno campo. A maior parte dos celeiros do bairro fica seca no mês de agosto de cada ano. Isto é uma indicação de que a seca se torna o hino das pessoas que residem no vale do Zambeze, uma vez que estão a demorar a formar-se da situação que estão a enfrentar. O chefe da aldeia reiterou que a minha comunidade está a chafurdar no abjeto da pobreza devido a várias causas que vão desde as económicas às políticas. Isto mostra que as questões de insegurança alimentar se devem ao facto de o governo não ter conseguido alimentar a sua população e que o bairro não é abrangido pelas ONG (Organizações Não Governamentais) devido à confusão política. As pessoas do bairro de Sinakoma têm tendência a assediar os funcionários da sociedade civil, porque a maior parte das organizações as tem deixado de lado. Estão a sofrer com o abismo e os infortúnios das pessoas que se meteram em confusões com ONGs pronunciadas no distrito.

4.4 Os efeitos da insegurança alimentar em Binga.

A insegurança alimentar é desenfreada e extensa no distrito e isto deve-se a vários factores e causas que foram destacados acima neste trabalho de pesquisa. Os efeitos da insegurança alimentar recaem sobre as famílias do bairro e as pessoas mais afectadas são as mulheres, as crianças e os deficientes, pois são eles que ficam em casa a enfrentar a verdadeira provação da fome e da seca. Um inquirido durante a entrevista atestou que

"Baana ngabali kulila kupela amuunzi akambo kakuti ngaba bulikwa chakulya omuno muchisi cha kwa Sinakoma "

O inquirido salientou que as crianças da ala de Sinakoma apenas choravam sem serem espancadas, pois não tinham comida para comer. Esta é uma situação lamentável e vergonhosa que indica que nem toda a gente tem acesso a comida.

Figura 2, Fonte: Dados de campo

No ano de 2023, as comunidades do vale do Zambeze e toda a região da África Austral tiveram uma má colheita, o que se deveu às chuvas fracas ou pouco fiáveis que se fizeram sentir durante todo o ano no País. As chuvas pararam na segunda semana de janeiro de 2023 e as culturas nos campos não conseguiram atingir a fase de maturidade. No entanto, isso leva à quebra de safra, contribuindo para uma colheita ruim ou nenhuma colheita. A figura 2 mostra um campo na aldeia de Sinakatenge que foi queimado pela intensidade do calor do sol. A maior parte dos camponeses não conseguiu colher sequer um grão. A calamidade da má colheita foi atribuída à mudança climática e à mudança das estações que se estão a tornar imprevisíveis no país. O facto de a ecologia das actividades de subsistência do povo BaTonga ter sido afetada levou-o a aventurar-se na pesca como meio alternativo de compensação ou de seguro contra a seca. Reiling et al (2015) atestam que as alterações climáticas podem atuar como um multiplicador, exacerbando a tensão existente e os factores de stress ambiental. Embora os níveis de água também estivessem a descer, as bases agrícolas podiam ser deslocadas de tempos a tempos, na sequência da descida da água no rio Zambeze. Com os resultados da pesquisa acima, pode-se aceitar que a agricultura constitui o pilar da economia das comunidades do vale do Zambeze.

4.4.1 Mulheres e crianças perdem peso

Um dos efeitos mais conhecidos da insegurança alimentar é a perda de condição corporal e de peso das crianças devido à deficiência de nutrientes alimentares. Uma mãe lactante respondeu que

"Ime tandichikwe makupa pe a kuti ndinyonsye mwana, mwana wangu tachikwe mubilipe, mpawo susu lyakaba anga ndyambelele"

Esta mensagem veio diretamente da resposta, com as lágrimas a escorrerem-lhe pela face, mostrando o sentimento interior de desilusão por não ter comida suficiente para comer e isso está a afetar a quantidade de leite para um bebé. Isto mostra que existe insegurança alimentar no bairro de Sinakoma, uma vez que a maior parte das mulheres não consegue aumentar a produção de leite, o que provoca um problema de retransmissão que afecta as crianças, que perdem peso e perdem as suas condições físicas. Os bebés sofrem de doenças de desnutrição, como o kwashiorkor, e, se chegar ao extremo, leva à escassez. As mulheres grávidas enfrentam problemas de aborto e aborto espontâneo devido à fome. Tudo isto leva a um aumento dos custos de saúde para as mães já afectadas pela fome, o que leva à diminuição da população no distrito, uma vez que a maioria dos bebés morre em tenra idade, antes de atingir a maturidade.

4.4.2   Conflitos e lutas familiares

No caso das comunidades do vale do Zambeze, as famílias estão a rivalizar em termos de comida, pois lutam para obter a parte do leão durante o programa de distribuição de alimentos. Isto foi testemunhado por um dos inquiridos que disse que as pessoas lutaram durante a seleção inicial para o programa de distribuição de alimentos. Acrescentou que o desacordo se deu entre o chefe da aldeia e um beneficiário cujo nome não tinha sido incluído na lista que iria ser distribuída da próxima vez. A partir da explicação acima, é claro e evidente que as pessoas da mesma família podem lutar desde que não tenham comida suficiente para comer. Por conseguinte, a insegurança alimentar é um meio que conduz a conflitos na comunidade, uma vez que as pessoas se esforçam por obter alimentos e recursos. Ao nível da família ou do agregado familiar, a pesquisa revelou que os conflitos devido à escassez de alimentos para comer na família são frequentes e comuns na comunidade do vale do Zambeze. Foi notado que alguns dos campos não foram plantados e isto foi evidenciado pelo não cultivo de terra na terra comunal. Um inquirido atestou que os membros da comunidade estarão sentados em casa durante as épocas de cultivo à espera das chuvas que nunca chegaram no ano 2024.

4.4.3 Divórcio e separação da família

As comunidades do vale do Zambeze têm muitos casos de divórcio e separação como resultado da insegurança alimentar. Isto é frequente na maioria das comunidades rurais de Binga, onde um homem e a sua mulher se separam porque estão a tentar suportar a pressão da insegurança alimentar. Até os crimes aumentam em tempos de seca, pois as pessoas roubam os bens de outras pessoas com o objetivo de alimentar a família. Na sociedade tradicional, é evidente que o divórcio é atribuído à injustiça nos assuntos conjugais e à falta de apoio familiar. Era raro ouvir falar de divórcios e separações, mas hoje em dia, tornou-se uma norma ouvir falar de divórcios e a principal causa é a insegurança alimentar, em que o marido não é capaz de fornecer alimentos à família. Assim, a insegurança alimentar está a contribuir muito para a atomização e decomposição das relações matrimoniais nas comunidades do vale do Zambeze.

4.4.4 Casamentos de crianças

Os casamentos de crianças ou casamentos precoces são endémicos nas comunidades do vale do Zambeze, especialmente durante os períodos de seca. Os pais na comunidade são os que pressionam as suas filhas a casarem-se para reduzir o número de pessoas nos agregados familiares, de modo a poderem suportar a pressão da seca. Uma rapariga de 15 anos lamentou que

"As minhas colegas de idade estão agora na escola e algumas completaram o ensino secundário, mas os meus pais coagiram-me a casar com um homem idoso que está a abusar de mim".

Estas são as palavras de uma rapariga da ala 1 de Luunga, em Binga, que se lamenta, choraminga e soluça de raiva, enquanto permanece na pobreza abjecta. A fome e a inanição tornaram-se o pão quotidiano do seu casamento. Ela entrou numa caverna sem saída. Todos estes problemas foram trazidos à superfície devido à insegurança alimentar, uma vez que as comunidades não são capazes de se manter de pé.

4.5 Mecanismos de cópia da insegurança alimentar em Binga

As comunidades de Binga arranjaram muitas maneiras de sobreviver à situação de seca no distrito. A estratégia do mecanismo inclui a migração dos lugares onde não há água e bons solos para a eficácia da agricultura. Em vez disso, a comunidade procura lugares melhores no vale do Zambeze para se instalar, onde há pastos suficientes e espaço para o desenvolvimento de infra-estruturas. Para além disso, procuram frutos na floresta, bem como vegetais selvagens que os pais alimentam os seus filhos durante os períodos de seca. Um ancião durante a entrevista reiterou que

"Iswe okuno tupona abusikka muchindi cha nzala, ngatwakanda mpawo twapeka lweele twalya abana kuti bajane manguzu akuya kuchikolo "

Aqui, o velho estava a explicar que a comunidade depende dos frutos de tamarindo que utilizam para fazer papas com o líquido que obtêm do fruto depois de o misturarem com água e cinzas (Chikkanza/Chiganyina). Diz-se também que os frutos têm um valor nutricional e medicinal se consumidos. Também faz com que o mingau tenha um bom sabor e pode ser usado no chá, de acordo com a tradição de Tonga que reflecte a beleza do tamarindo durante os dias em que o povo de Tonga ainda vivia no rio Zambeze.

Fig. 3, Fonte: Dados de campo. Uma árvore de fruto de tamarindo

4.6. Sugestão de solução para a insegurança alimentar em Binga

O distrito é duramente atingido por uma seca crónica devido a inundações e chuvas irregulares que afectam o rendimento das colheitas. Os membros da comunidade, através da liderança local, sugeriram várias medidas e acções que irão reduzir a insegurança alimentar galopante. As medidas incluem a construção de barragens, a prática da agricultura de conservação (AC), a Agroecologia, a utilização de bons métodos agronómicos de cultivo, a construção de hortas comunitárias e a criação de projectos geradores de rendimentos no Vale do Zambeze. As medidas acima mencionadas vieram dos participantes que participaram na investigação e as soluções são orientadas para a comunidade ou conduzidas por natureza.

O chefe sublinhou que o síndroma da dependência dos doadores matou as pessoas de Binga, que só esperam que lhes seja dada comida pelas ONGs, o que não é sustentável, e estes doadores nem sempre estão disponíveis para elas. Aqui, o Chefe estava a encorajar as pessoas a fazerem as suas próprias coisas que as podem ajudar a viver melhor do que se apoiarem nas ONGs que dependem do financiamento dos doadores. Foi uma aprendizagem para as pessoas de Batonga que os membros da comunidade devem manter-se de pé em tempos de crise e que devem encontrar os seus próprios meios de sobrevivência em tempos de emergência e crise.

Foi através desta investigação que o conhecimento indígena foi partilhado e discutido com os líderes locais durante a discussão do grupo focalizado que as pessoas na aldeia deveriam ser capazes de usar sinais naturais em plantas, animais e insectos para saber as mudanças das estações. Por exemplo, quando as árvores têm muitos frutos indica que vai haver seca na zona. Por conseguinte, os membros da comunidade deviam reagir cultivando vários tipos de culturas ou aventurando-se numa agricultura mista, de modo a poderem defender-se do inferno abrasador da seca. Os membros da comunidade devem encorajar o cultivo de culturas resistentes à seca, tais como painço e sorgo (pequenas culturas de cereais) que podem prosperar bem em épocas de seca, que são comuns na região 4 e 5 em lugares como o distrito de Binga no Zimbabué.

4.7 Resumo do capítulo

Este capítulo mostrou e destacou uma síntese profunda sobre a insegurança alimentar em Binga e como a comunidade sobrevive durante os tempos de crise no Vale do Zambeze. Os desafios ou factores que inibem a comunidade do vale do Zambeze de desfrutar da agricultura como o faziam antes dos anos 80 foram discutidos neste capítulo. Hoje, a insegurança alimentar continua a estar entre as questões mais discutidas nos altos cargos do distrito e a nível provincial e nacional. Por outro lado, foram lançadas lentes para discutir medidas que podem ser empregues para melhorar a situação enfrentada pela comunidade para evitar a insegurança alimentar no distrito.

CAPÍTULO 5: CONCLUSÃO E RECOMENDAÇÃO

5.1 Introdução

O objetivo deste capítulo é apresentar o resumo dos resultados da investigação, as conclusões e as recomendações. O documento é composto por cinco capítulos. O primeiro capítulo apresenta a introdução da investigação e indica brevemente a motivação por detrás da redação do documento, o segundo capítulo detalha a revisão da literatura para expor a insegurança alimentar a nível global, regional e local, o terceiro capítulo é a metodologia de investigação que destaca os métodos que foram utilizados pelo investigador para recolher dados das comunidades, o quarto capítulo articula-se com a discussão dos resultados na sinopse do estudo. O quinto capítulo apresenta, finalmente, as recomendações do estudo como uma contribuição para o corpo de conhecimentos das autoridades locais e do governo do Zimbabué. Isto constituirá e englobará a aplicação prática dos resultados da investigação e a área de estudos futuros.

5.2 Conclusão

Os resultados do estudo de pesquisa mostraram ou confirmaram que a insegurança alimentar é um dos maiores problemas que está a afetar o distrito rural de Binga em geral. Verificou-se que tanto os aldeões como os agricultores do distrito enfrentam muitos desafios no que diz respeito à seca no distrito rural de Binga. A deficiência do governo e as mudanças climáticas estavam entre os factores que prejudicam a segurança alimentar e as pessoas não estão a desfrutar dos frutos do rio Zambeze. No entanto, o estudo também mostrou que o povo Tonga, em tempos de seca, depende de frutos silvestres como o tamarindo e vegetais silvestres, bem como da apanha de peixe no rio Zambeze. Os seus meios de subsistência para a sobrevivência incluem a produção de culturas, a criação de gado e a caça, que são alguns dos factores que constituem a economia das comunidades do vale do Zambeze. Em suma, as causas da insegurança alimentar em Binga não devem ser estudadas numa abordagem mono-causal, mas devem ser estudadas através de uma abordagem interdisciplinar ou holística para mostrar como estes factores jogam na relação da rede de meios de subsistência.

5.3 Recomendação

A partir dos resultados do estudo, foram feitas as seguintes recomendações

1) É necessária uma ação política específica para facilitar a participação da agricultura de pequena escala no programa nacional de pecuária

2) Colaboração efectiva, para mitigação de conflitos entre humanos e animais selvagens, em que os funcionários dos parques colaboram com os agricultores das comunidades.

3) Conduzir uma avaliação de sensibilidade a nível local, tal como este estudo, para ajudar a identificar as medidas eficazes para os agricultores nas comunidades do vale do Zambeze.

4) Deveriam ser criados programas de apoio ao crédito para os agricultores comunitários, a fim de melhorar o trabalho em rede e de os ligar às instituições financeiras formais.

5) As autoridades locais (Conselhos Distritais Rurais) devem trabalhar com organizações não governamentais que apoiam meios de subsistência sustentáveis através da aquicultura, construindo tanques e barragens para fins de piscicultura e irrigação.

6) Construção de barragens para a recolha de água da chuva, que promoverão a agricultura e outras actividades agrícolas no vale do Zambeze

7) Sensibilizar para a importância da pesca nas comunidades através da LSBE (Life Skills Based Education) nas comunidades virgens.

8) Pesquisa de mercado, para fazer pesquisas sobre clientes que precisam de produtos agrícolas para que os agricultores das comunidades do vale do Zambeze possam ser ligados.

9) Apoiá-los com equipamento para a agricultura e construção de edifícios para armazenamento de produtos agrícolas.

10) É necessário rever as políticas e as leis do governo sobre os recursos da vida selvagem, que restringem a população local de usufruir dos recursos nas suas áreas.

6.0 Resumo do livro

A insegurança alimentar é atualmente galopante e voraz nas comunidades do vale do Zambeze. As principais causas da insegurança alimentar incluem as alterações climáticas, os conflitos entre humanos e animais selvagens, a falta de acesso à terra para a agricultura, a falta de conhecimentos e de equipamento para a agricultura. Casamentos infantis, divórcios e separações familiares, perda de peso por parte de mulheres e crianças e conflitos familiares e brigas foram mencionados como os efeitos incómodos da insegurança alimentar no distrito. O documento, através dos participantes da pesquisa, sugere que a construção de barragens, a agricultura de conservação, a prática da agroecologia e a jardinagem comunitária podem ser uma panaceia para a insegurança alimentar no distrito rural de Binga.

7.0 Referência

Abebe. T e M Shanko (2018) "Land and livelihood security: Um estudo de Woredas seleccionados na Região Sul. Em land landless and poverty in Ethiopia. Research findings from poor National Regional states edited by Dessalegi Rahmato 125-238 Addis Ababa; Forum for Social studies.

Ana Mc Myers e Mathew A (2007) Food insecurity in the United States of America: An examination of race/ ethnicity and Nativity pp 1419 a 1432.

Barret. B. C (2014) Food insecurity. Transformação estrutural na agricultura africana. Universidade de Cornwell, publicação do ResearchGate

Coates J. A, Swindale e P Bilinsky (2007) Household food insecurity Access Scale (HFIAS) for measurement of household food indicator guide (V.3) Technical assistance Project, Academy for educational development.

Geda A (2011) Reading on Ethiopian Economy Addisa Ababa: Imprensa da Universidade de Adisa Abeba.

Gebrehiwit T e A Van der Veen (2014) "Copying with food insecurity on a Micro-Scale: Evidence from Ethiopian Rural Households" Ecology of food insecurity and nutrition 53(2): 214-240.

Loopstra R (2020) Uma visão geral da insegurança alimentar na Etiópia e o que funciona e o que não funciona para combater a insegurança alimentar. Revista Europeia de Saúde Pública, volume 30, suplemento.

Reiling, K.; Brady, C. (2015) Climate Change and Conflict: Um Anexo ao Quadro de Desenvolvimento Resiliente ao Clima da USAID. Political Geography.

Muntanga W e Mutale S (2024), Flood recession Agriculture (Nchelela ou Bbonze) as both agritourism and recreation. Um caso de Luunga ward 1 no distrito rural de Binga, Zimbabué. Agritourism for Sustainable Development, Reflections from Emerging African Economies (Agriturismo para o Desenvolvimento Sustentável, Reflexões das Economias Africanas Emergentes)

Marx K (2015) O problema da afirmação "Progresso da qualidade 48(6)

Nyasha Chingono (2019) O Zimbabué está à beira da fome provocada pelo homem, avisam os enviados da ONU

She G A e Livermore (2007) Material Hardship, poverty and disability among working age adults. Social Science Quarterly, 88(4) (2007) pp 970-989.

PAM (2021) Resumo da segurança alimentar na Zâmbia, agosto de 2021, relatório de situação, publicado em 20 de outubro de 2021

PAM (2021) Panorama da segurança alimentar na Somália: Relatório de situação publicado em 7 de outubro de 2021.

Relatório ZimVAC (2014) Comité de Avaliação da Vulnerabilidade do Zimbabué, Avaliação dos Meios de Subsistência Rurais número 13.

8.0 Apêndices

8.1 Guia de entrevista para pescadores, agricultores e líderes locais em Binga, vale do Zambeze

Entrevistador ....

Entrevistado ....Feminino/masculino

Idade ....

Data ....Local...

O meu nome é **Willard Muntanga** e eu sou um pesquisador independente especializado em desastres e meios de subsistência nas comunidades do vale do Zambeze, Binga. Estou a escrever este artigo para investigar **os efeitos da insegurança alimentar no distrito de Binga.** Este tópico eu acho que é muito interessante e relevante para estudar considerando a temperatura da mudança climática que está a ter lugar no vale do Zambeze. O objetivo do meu estudo de investigação é obter uma melhor compreensão de como as pessoas do distrito estão a sobreviver aos anos contínuos de quebra de colheitas devido à falta ou ausência de chuvas e como desenvolveram estratégias de sobrevivência em situações climáticas adversas.

Convidei-o a participar nesta entrevista de pesquisa, uma vez que é membro da comunidade local / pessoas na comunidade do vale do Zambeze no distrito. A agricultura é uma importante atividade de subsistência em Binga, distrito e considero muito importante ouvir as vozes dos agricultores locais / pessoas, a fim de contribuir para a pesquisa com a sua perspetiva muito importante. Vou entrevistar agricultores, administradores locais, chefes e conselheiros ao longo do vale do Zambeze. Isto dar-me-á materiais empíricos de diferentes pessoas com informações e percepções válidas e variadas. É bem-vindo a elaborar tanto quanto quiser durante a entrevista. O seu nome será mantido confidencial e não constará na tese, a participação é voluntária e se quiser parar a qualquer momento durante a entrevista é bem-vindo a fazê-lo, para que a informação dada seja interpretada corretamente e que aspectos importantes não sejam perdidos. É também informado de que a participação é voluntária e que a entrevista pode ser interrompida em qualquer altura e que o seu nome será mantido confidencial.

O participante confirma esta informação e aceita participar no estudo.

Assinatura do entrevistado..

8.2 SECÇÃO DO(S) INQUIRIDO(S)

Se concordou em participar neste estudo, forneça as suas respostas a cada uma das questões levantadas neste guia.

SECÇÃO A (apenas para uso do investigador)

1) Número da entrevista ☐
2) Nome de
aldeia..

SECÇÃO B: DADOS BIOGRÁFICOS

1. **Sexo a.** Masculino ☐   **b.** Feminino ☐

2. **Idade a.** 18-30 anos ☐ **b.** 31-35 **anos** ☐

    c. 36-50 Anos ☐   **d.** 51-60 anos ☐

    e. mais de 60 anos ☐

3. Há quantos anos reside nesta comunidade?

    a. menos de 1 ano ☐ b.2-4 anos ☐

    c. 5-7 anos ☐   d. mais de 7 anos ☐

    e. Outra especificação ....

4. Nível de ensino mais elevado?

    a. Grau 7 ☐ **b.** Nível ordinário ☐ **c.** Avançado
Nível ☐ **d.** Bacharelato ☐ **e.** Mestrado ☐

    f. Nunca foi à escola ☐

5. Posição/ papel na comunidade ....

SECÇÃO C: QUESTÕES PRINCIPAIS

#	Questão	Sondas
Identificar as causas da insegurança alimentar no distrito rural de Binga, Zimbabué		
1	O que é a insegurança alimentar?	
2	a) O que é a insegurança alimentar?	Económico. Social, meios de subsistência
	b) Identificar os factores que afectam o rendimento das culturas em Binga?	
	c) O que está a causar a insegurança alimentar no bairro de Sinakoma, no distrito rural de Binga?	
	d) A alimentação é acessível e está disponível para todos na enfermaria? Em caso afirmativo, explicar pormenorizadamente.	
Verificar os efeitos da insegurança alimentar no distrito rural de Binga.		
3	a) Enumerar os efeitos da insegurança alimentar? 1) Quantas vezes come sadza e bom tempero por dia? b) Tem conhecimento da existência de seca no seu bairro ou no distrito?	Desafios sociais, económicos e políticos. Políticas e leis do Zimbabué, políticas dos Conselhos Rurais de Binga (autoridades locais) e CAMPFIRE

	1) Como é que as crianças, os deficientes e as mulheres são afectados pela insegurança alimentar na sua comunidade? c) O que é que o Conselho Distrital Rural de Binga fez para ajudar as comunidades locais que vivem no Vale do Zambeze?	
Oferecer soluções para a insegurança alimentar no distrito de Binga		
4	a) Tendo em conta os desafios enfrentados pela população de BaTonga, o que acha que pode ser feito pelos principais actores para reduzir a insegurança alimentar no distrito? b) Tem algum comentário ou recomendação sobre o que foi discutido?	Papéis de outras instituições (Governo, BRDC, sectores privados e parceiros)

Fim da entrevista

Muito obrigado por participar neste estudo

8.3 Perguntas da entrevista aprofundada para os informadores-chave

Sou um investigador independente na comunidade do vale do Zambeze, a investigação que estou a fazer baseia-se nos **efeitos da insegurança alimentar no distrito de Binga, Zimbabué**. As vossas respostas honestas contribuirão imensamente para o sucesso deste estudo. Por favor, sinta-se livre e confortável, pois nenhuma resposta será tratada como resposta errada. A sua contribuição será mantida altamente confidencial e utilizada apenas para fins académicos.

1) O que é a insegurança alimentar?

2) Quais são as causas da insegurança alimentar?

3) Como é que a insegurança alimentar afecta os diferentes grupos sociais da comunidade?

4) E se a relocalização não tivesse ocorrido, qual seria a situação da segurança alimentar entre o povo BaTonga no distrito?

5) Como é que a insegurança alimentar está a afetar as mulheres no distrito?

6) Que outras causas estão a contribuir para a insegurança alimentar no distrito?

7) Que soluções comunitárias estão a ser utilizadas para reduzir ou minimizar o impacto da insegurança alimentar no distrito?

8) O governo do Zimbabué apoia as actividades económicas no Vale do Zambeze? Em caso afirmativo ou negativo, aprofundar a questão?

9) Existe alguma organização ou organizações que estejam a trabalhar com o povo BaTonga no sentido de garantir a segurança alimentar?

10) Tem algum comentário ou recomendação sobre o que foi discutido?

Obrigado pelos vossos valiosos contributos para esta investigação

Printed by Books on Demand GmbH, Norderstedt / Germany